10分鐘上桌！
減醣低脂の湯便當

食材的
切法與分量
一目瞭然

原尺寸
大小

本書使用
400ml
的燜燒罐

市瀨 悅子

每天早上做便當 ——

想到要好好做就覺得很累，

如果只是煮湯的話，感覺輕鬆多了對吧？

而且，中午喝一碗滿滿蔬菜的熱湯，

也能緩解工作累積的壓力。

進行瘦身時，想簡單地吃點什麼，那就喝碗湯。

平常再加一個飯糰或麵包。

有時是配菜加上豐富配料的味噌湯，

只要有燜燒罐，午餐時光就變得令人期待，

又能攝取充足的蔬菜調養身體。

湯便當的優點

不需要事前準備，早上 10 分鐘就能完成

切好材料加熱即可，因為是做少量，不必花時間燉，早上只要 10 分鐘就能做好。如果想再縮短時間，前一晚先切好材料放進冰箱，隔天便可更快速完成。

利用餘溫變得更美味

燜燒罐最大的優點是保溫功能。在熱騰騰的狀態下倒入燜燒罐，不但能持續保溫 5 ～ 6 小時，食材也會軟化入味，變得更好吃。這就是 10 分鐘完成湯便當的秘訣。

使用手邊現有的食材和調味料即可

因為每天都要做，不想使用特別的食材或調味料。本書介紹的都是使用 2 ～ 4 種食材＋基本調味料就能完成的湯便當。而且分量和切法一目瞭然，也有基礎的切法說明。

湯便當的製作過程

煮湯的方法很簡單，步驟也沒有太大變化，只要記住一種，就算沒看食譜也做得出來。前一天先決定想使用的材料，早上就不會手忙腳亂。

用小鍋煮湯

因為是一人份，使用直徑約 14cm 的小鍋即可。由於分量少，切食材和湯煮滾都不需要花太多時間，比煮一般的湯更省時。

將配料裝進燜燒罐

如果把湯和配料一起倒入燜燒罐，可能會裝不完配料或是湯汁濺出來。先用湯杓撈出配料裝進燜燒罐，這點很重要。

倒入湯

最後把湯舀入燜燒罐，裝太滿會溢出來，請倒至規定的水位線。剛煮好的湯裝進燜燒罐可以維持很好的保溫效果。

完成！

裝完湯後，立刻關緊蓋子，這麼一來就能維持 5～6 小時的熱騰騰狀態。之後就等著午休吃便當囉！

【 使用燜燒罐時的 注意事項 】

◎ 若想提高保溫效果，先在燜燒罐內倒入少量熱水，靜置約 1 分鐘後，倒掉熱水，舀入熱湯。
◎ 本書的完成圖是為了讓各位看清楚成品的樣子，所以會多裝一些，實際上要裝少一些，倒至水位線即可。
◎ 本書是使用容量 400ml 的「真空食物燜燒罐 JBR-400」(膳魔師)。

檢驗看看燜燒罐的保溫效果

燜燒罐的最大優點是保溫效果。因為是利用餘溫讓食材熟透，在食材稍硬或尚未入味的狀態倒入罐內，短時間就能完成！食材在燜燒罐裡會慢慢熟透，不會煮爛，變得柔軟多汁。而且食材的鮮味也會釋出，打開要吃的時候，湯汁變得更加美味。

 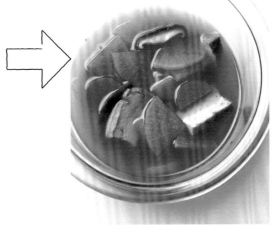

剛做好

「這是剛做好的蘿蔔 × 胡蘿蔔的油豆腐湯」(請參閱 p.100)，湯汁看起來還很清澈，雖然蘿蔔已經煮熟，但用竹籤插仍是稍微偏硬的狀態，整體上食材尚未入味。

5 小時後

放了 5 小時的狀態，蘿蔔和油豆腐變成褐色，味道已經完全滲透且變軟，香菇也變得柔軟滑口。喝一口湯，根莖類蔬菜、香菇和油豆腐釋出的湯汁，那股鮮味從口中擴散至全身。

好香的高湯啊♡

適合煮湯的食材

一般的肉或蔬菜皆可，在此為各位介紹特別適合煮湯或放進湯裡會變得更好吃的食材。吸收湯汁後容易膨脹或糊爛的食材不適合煮湯。此外，本書也不使用需要長時間加熱的食材。

薄切肉片

豬肉或牛肉的薄切肉片在短時間內就能煮熟，方便烹調。至於厚切肉片或肉塊以長時間燉煮會比較好吃，所以本書中不使用。

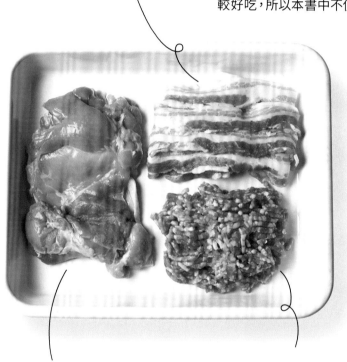

雞肉

雞肉拿來煮湯會變得柔軟多汁，隨著時間經過也會釋出湯汁，非常適合煮湯。請試著使用雞腿肉、雞胸肉和雞柳。

絞肉

除了直接下鍋拌炒，還能做成肉丸子的絞肉是做湯便當的方便食材。雞絞肉、豬絞肉或牛豬混合絞肉都很適合。

根莖類蔬菜

馬鈴薯、蘿蔔、胡蘿蔔、牛蒡等根莖類蔬菜煮入味會很好吃,切成能在短時間內煮透的厚度是烹調重點。

葉菜類蔬菜

高麗菜、白菜、洋蔥、蔥都容易煮到軟透,是做湯便當不可或缺的食材。韭菜或菠菜、小松菜等綠葉蔬菜雖然會變色,但不會影響味道。

菇類

菇類也可當作湯頭,釋出的精華會讓湯的味道變得更濃郁豐富。香菇、鴻喜菇、金針菇、舞菇等都是代表性的菇類,容易煮熟方便使用。

關於高湯

燜燒罐湯便當不是用帶骨肉等食材長時間燉煮，而是在短時間能夠完成的少量料理，使用市售的高湯包或湯粉即可。

高湯夠味的話就不需要加其他調味料，進而達成減鹽效果。

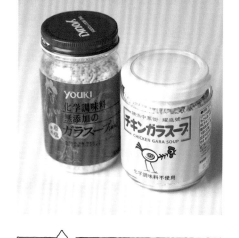

高湯包

製作日式風味的湯底是使用鰹魚昆布高湯。除了用昆布與柴魚片熬煮高湯（作法請參閱下文），用市售高湯包更簡單方便。目前市面上有不添加化學調味料或使用國產原料等許多講究原料的商品，請依個人喜好挑選。

雞湯粉

除了中式或東南亞風味的湯品，也可用於西式的湯品。雞湯粉的味道質樸，適合做各種料理，也有不添加化學調味料的商品。在湯裡放少量雞湯粉增添濃醇感，基本上還是活用食材釋出的湯汁。

柴魚昆布高湯　在鍋內倒入水（1.2L）和昆布（10cm 四方形），靜置約 30 分鐘。鍋子以小火加熱，煮到冒出小泡後，撈出昆布、轉大火，煮到湯汁快要滾，接著放入柴魚片（20g），轉小火煮約 1 分鐘。關火後，待柴魚片沉至鍋底，在網篩內鋪放廚房紙巾，過濾高湯。＊放入冰箱冷藏可保存約 3 天，冷凍約 3 週。

關於鍋具

煮 1 人份的湯使用直徑約 14cm 的小單手鍋即可。鍋子太大要花比較多時間煮滾，水分也會蒸發太多，食材超出湯汁煮不熟，所以請使用大小適當的鍋子。

鐵氟龍鍋

這種做了特殊加工，炒肉時不沾鍋的鍋子非常好用，家中有一把會很方便。雖然平底鍋也好用，但因為淺且表面積大，水分容易蒸發，煮湯會比較費時，建議選擇有深度的小鍋。

琺瑯牛奶鍋

如果是食材和水同時下鍋煮的湯，使用琺瑯牛奶鍋也不錯。如同其名，這是用來加熱牛奶的鍋子，市面上有種類豐富的小尺寸。不過，這種鍋子不適合拌炒，請依照烹調方法分開使用。

＊若是使用鋁鍋或不鏽鋼鍋……
拌炒食材時容易沾鍋，必須留意。鍋內倒油充分加熱後，先放在濕布上冷卻。肉下鍋後，在表面煮熟釋出油脂前，不要翻動肉片，這樣自然不會沾鍋。

一把小鍋
方便清洗

CONTENTS

湯便當的優點 3

湯便當的製作過程 4

檢驗看看燜燒罐的保溫效果 5

適合煮湯的食材 6

關於高湯 8

關於鍋具 9

PART 1　讓人想一做再做的經典湯品

雞肉湯便當

日式風味的蘿蔔菠菜雞腿湯 14

　◎雞肉的二三事 16

雞腿 × 馬鈴薯 × 高麗菜的法式燉菜 20

中式風味的鴻喜菇小松菜雞湯 22

蒜香白菜雞胸味噌湯 24

南瓜雞胸奶油玉米濃湯 26

中式風味的萵苣海帶芽雞柳蛋花湯 28

甜椒鷹嘴豆番茄雞柳湯 30

豬肉湯便當

高麗菜金針菇豬肉味噌湯 32

　◎豬肉的二三事 34

櫛瓜花椰菜起司豬肉湯 36

中式風味的大頭菜榨菜豬肉湯 38

日式風味的牛蒡小松菜豬肉湯 40

香菇豆腐豬肉酸辣湯 42

馬鈴薯番茄洋蔥豬肉湯 44

蘿蔔韭菜豬肉泡菜湯 46

絞肉湯便當

白菜 × 菠菜雞絞肉薑湯 48

　◎絞肉的二三事 50

地瓜香菇雞肉丸子味噌湯 52

山藥秋葵豬絞肉梅肉湯 54

西式風味的花椰菜 × 四季豆手捏肉丸子湯 ... 56

豆芽菜 × 豆苗香辣肉末湯 58

茄子甜椒咖哩肉末湯 60

速成番茄肉丸湯 62

牛肉湯便當

韓式風味的蘿蔔海帶芽牛肉湯 … 64
◎牛肉的二三事 … 66
日式風味的茄子菠菜牛肉湯 … 68
香辣馬鈴薯牛肉豆漿湯 … 70
異國風味的豆芽菜西芹檸香牛肉湯 … 72

海鮮湯便當

鮭魚蘿蔔高麗菜奶油味噌湯 … 74
◎海鮮的二三事 … 76
馬鈴薯鱈魚蒜香番茄湯 … 78
中式風味的萵苣鮮蝦豆腐湯 … 80
胡蘿蔔鮮蝦奶油玉米巧達濃湯 … 82

COLUMN

蔬菜滿滿！料多多味噌湯

牛蒡蓮藕胡蘿蔔味噌湯 … 84
南瓜洋蔥四季豆味噌湯 … 85
高麗菜黃豆糯米椒味噌湯 … 85
蘿蔔小松菜味噌湯 … 86
白菜香菇味噌湯 … 86

PART 2

好幫手食材製作的速成湯便當

香腸

高麗菜 × 鴻喜菇鹽奶油香腸湯 … 88
花椰菜綜合豆咖哩香腸湯 … 89

火腿

中式風味的青江菜火腿湯 … 90
白花椰菜火腿起司牛奶湯 … 91

培根

蘆筍番茄培根蛋花湯 … 92

即食雞胸肉

馬鈴薯甜椒雞胸肉湯 … 93

鮪魚罐頭

中式風味的鮪魚豆苗白菜湯　　94

牛蒡鴨兒芹鮪魚味噌湯　　95

冷凍綜合海鮮

菠菜綜合海鮮牛奶湯　　96

櫛瓜番茄綜合海鮮咖哩湯　　97

竹輪

青江菜 × 鹿尾菜香辣竹輪味噌湯　　98

蟹味棒

中式風味的黃豆芽西芹蟹味棒湯　　99

油豆腐

蘿蔔 × 胡蘿蔔油豆腐湯　　100

中式風味的海帶芽油豆腐湯　　101

炸豆皮

大頭菜舞菇油豆腐芝麻味噌湯　　102

PART 3　倒在白飯上一起吃的湯便當

牛肉蓋飯　　104

中式燴飯　　106

茄子絞肉咖哩　　108

蘑菇燉豬肉　　110

本書使用說明

＊ 1 大匙＝ 15ml、1 小匙＝ 5ml

＊ 作法標示的加熱時間為參考值，因為使用的烹調器具或環境會
有所影響，請視情況調整。

＊ 薑泥或蒜泥可用市售品，但現磨會更好吃。

＊ 食譜的分量比 400ml 燜燒罐的容量略多，請不要倒超過燜燒罐
水位線的量。另外，PART 3 的分量有配合 1 人份的飯量，所以比
燜燒罐的容量少。

＊ 材料分量的「1 小撮」是以拇指、食指、中指捏起來的量。

PART 1

讓人想一做再做的
經典湯品

既然是每天要做的湯，能夠用手邊現有
的材料和家中的基本調味料製作最理想。
不追求新奇，而是無論何時吃都覺得吃
不膩的暖心好味道。因為做起來很簡單，
食材的處理有詳細的說明，趁此機會學
習以前不知道的料理基本常識。

雞肉
湯便當

吸飽湯汁的蘿蔔
真好吃～

日式風味的
蘿蔔菠菜雞腿湯

＜ 材料1人份 ＞

雞腿肉 ⋯⋯ 1/3 塊 (80g) ⇨ 切成一口大小

蘿蔔 ⋯⋯ 70g (約 2cm) ⇨ 去皮後，切成 5mm 厚的扇形片狀

菠菜 ⋯⋯ 2 株 (40g) ⇨ 切成 3cm 寬

A | 高湯 ⋯⋯ 250ml
　| 醬油 ⋯⋯ 1 小匙
　| 鹽 ⋯⋯ 1/5 小匙

＜ 作法 ＞

1. 在鍋中倒入 A 混拌，以中火加熱，煮
   滾後放雞腿肉、蘿蔔。再次煮滾後轉
   中小火，煮約 2 分鐘，煮至竹籤可輕鬆插入蘿蔔的程度。

2. 接著轉中火，加入菠菜略煮一會兒即可。

蘿蔔切成扇形片狀 ✏

蘿蔔去皮後，縱切成 4 等分，再橫切成薄片。
若要倒入燜燒罐，切成短時間能夠煮熟的
5mm 厚度。

＊雞腿肉的切法→ p.17　＊菠菜的切法→ p.49

【 雞 肉 】的二三事

雞肉在肉類之中是屬於味道清淡好入口,價格划算的實用食材。搭配任何食材
或調味料都很對味,還能熬出香醇高湯,很適合煮湯。熱量低、含有優質蛋白質,
進行瘦身的人也能安心食用。

本書使用這些部位!

【 雞腿肉 】

也就是大腿的部分,含有
油脂,柔軟多汁好入口。
通常是以剖開去骨的狀態
販售,也有帶骨雞腿肉。

【 雞胸肉 】

這塊胸部的肉位於翅膀
根部,是具有彈性的肌
肉,脂肪含量比雞腿肉
少、味道清淡。因為有
紮實的肌肉纖維,口感
略硬,但能熬出清爽的
高湯。

【 雞柳 】

雞胸肉的一部分,位於
雞胸內側,共有兩條。
因為形似柳葉,故稱
「雞柳」。雖然是雞肉
之中脂肪最少的部位,
但比雞胸肉柔軟且味
道淡雅。

雞腿肉 的處理方法

雞腿肉只要去除皮與肉之間的油脂就能消除腥味，吃起來爽口。不過，雞皮也能熬出美味湯汁，請留下來使用不要丟棄。切的時候，雞皮務必朝下，如果從雞皮表面切會變得不好切。

雞腿肉的切法

1 切除多餘油脂和雞皮

雞皮朝下，攤平置於砧板上，切掉超出雞肉的雞皮和白色脂肪。不過，不必全部切除，只要切除在意的部分即可。

2 去筋

因為中央部分也會有白色脂肪或筋，在意的話請去除。刀身平放劃切即可。

3 縱切成3cm寬

雞皮朝下，先縱切成3cm寬。若要放進燜燒罐，太大塊的話不方便吃，也不易煮熟。

4 切成一口大小

切成長條狀的雞肉換個方向，再切成3cm寬的四方形。事前準備完成！

雞胸肉 的處理方法

雞胸肉是高蛋白質、低熱量的食材，缺點是肉質容易變得硬柴。仔細看就會發現雞胸肉上的纖維，切斷纖維是重點。雞胸肉的皮容易分離，但處理起來不方便，請先去除。

雞胸肉的切法

①去皮

用手從肉較厚的部分拉起雞皮就能去除乾淨。此外，將刀身平放，劃切雞皮與肉也OK。

②斜向切片

從肉較厚的部分斜向切片，這種切法稱為「削切」。切面變大，味道容易入味，纖維被切斷，口感變得柔軟。

③切成一口大小

將片好的肉再削切成一口大小，3cm左右的塊狀剛剛好。

慢慢來……不要急……

雞柳 的處理方法

軟嫩的雞柳相當於豬肉的「腰內肉 (小里肌)」，是高級稀少的部位。因為中央有白色的筋，需去除後再使用，目前市面上也有賣「無筋」雞柳。雞柳煮出來的高湯清淡高雅，請試著拿來煮湯。

雞柳的切法

1 沿著筋劃開

雞柳中央有白色的筋，從肉較厚的部分開始沿著筋劃開，但不要切到底。

2 劃開另一側

另一側也是沿著筋劃開，感覺像是把肉從筋削下來。

3 去筋

將肉翻面，一手拉住筋，像是用菜刀抵住砧板，移動菜刀切除筋和肉。

4 切成一口大小

和雞胸肉一樣斜向削切成塊狀，這種切法會讓肉質變軟，容易入味。

雞腿 × 馬鈴薯 × 高麗菜的法式燉菜

因為使用燜燒罐
馬鈴薯熟透不爛
口感鬆軟

＜ 材料 1 人份 ＞

雞腿肉 …… 1/3 塊 (80g)　⇨ 切成一口大小

馬鈴薯 …… 1/2 個 (60g)　⇨ 去皮後，切成 1cm 厚的半月形片狀

高麗菜 …… 1 小片 (40g)　⇨ 切成一口大小

胡蘿蔔 …… 15g　⇨ 切成 5mm 厚的半月形片狀

橄欖油 …… 1/2 小匙

A　水 …… 250ml

　　雞湯粉 …… 1 小匙

　　月桂葉（建議加）…… 1 片

　　鹽 …… 1/5 小匙

　　胡椒 …… 少許

＜ 作法 ＞

1. 在鍋中倒橄欖油以中火加熱，雞腿肉的雞皮朝下放入鍋中。煎至表面金黃後，炒到肉變色。

2. 接著倒入 A 混拌，煮滾後再加馬鈴薯、高麗菜、胡蘿蔔。再次煮滾後轉中小火，煮約 3 分鐘，煮至竹籤可輕鬆插入馬鈴薯的程度。

馬鈴薯切成半月形

馬鈴薯去皮後，對半縱切，再橫切成半月形。如果是比較大的馬鈴薯，可縱切成 4 等分，再切成扇形片狀。厚度均一，馬鈴薯就會受熱均勻。

＊雞腿肉的切法→ p.17　＊高麗菜的切法→ p.33　＊胡蘿蔔的切法→ p.83

中式風味的
鴻喜菇小松菜雞湯

一整年都好吃的
基本食材組合

＜ 材料 1 人份 ＞

雞腿肉 …… 1/3 塊 (80g) ⇨ 切成一口大小

鴻喜菇 …… 1/2 包 ⇨ 切除菇柄基部，剝成小朵

小松菜 …… 1 株 ⇨ 切除根部，切成 3cm 寬

A ｜ 水 …… 250ml

雞湯粉 …… 1 小匙

醬油 …… 1 小匙

鹽 …… 1 小撮

＜ 作法 ＞

1. 在鍋中倒入 A 混拌，以中火加熱，煮滾後放雞腿肉、鴻喜菇。
   再次煮滾後轉中小火，煮約 2 分鐘，煮至雞肉熟透。
2. 接著轉中火，加小松菜略煮一會兒即可。

切除鴻喜菇的菇柄基部

菇柄基部是鴻喜菇或金針菇、香菇等菇類根部乾硬的部分。這個部分會沾附木屑等雜質（人工栽培材料）影響口感，用菜刀切除後，以手剝成方便入口的小朵。

＊雞腿肉的切法→ p.17

蒜香白菜
雞胸味噌湯

提味的大蒜讓
味噌湯變得香醇

＜ 材料 1 人份 ＞

雞腿肉 …… 1/3 塊 (80g) ⇨ 切成一口大小
白菜 …… 約 1 片 (70g) ⇨ 切成一口大小
洋蔥 …… 1/8 個 (25g) ⇨ 切成 1cm 寬的月牙條狀

A｜高湯 …… 200ml
　｜蒜泥 …… 少許
　味噌 …… 1 大匙

＜ 作法 ＞

1. 在鍋中倒入 A 混拌，以中火加熱，煮滾後放雞胸肉、白菜梗、洋蔥。
   再次煮滾後轉中小火，煮約 2 分鐘，煮至雞肉熟透。
2. 接著轉中火，加白菜葉略煮一會兒，再放味噌，攪拌溶化即可。

‖‖Memo‖‖

白菜切成一口大小

白菜的菜葉和菜梗的受熱速度與口感不同，
先從菜葉和菜梗的界線劃開兩者，菜葉切成
3~4cm 四方形，菜梗切成 2~3cm 四方形。
菜葉容易熟透，最後再下鍋即可。

＊雞胸肉的切法→ p.18　＊洋蔥的切法→ p.45

南瓜雞胸
奶油玉米濃湯

奶油玉米濃湯罐頭
幫了大忙！

＜ 材料1人份 ＞

雞腿肉 …… 1/3 塊 (80g) ⇨ 切成一口大小
南瓜 …… 淨重 120g ⇨ 切成 1.5cm 厚的一口大小

A ｜ 水 …… 150ml
　　雞湯粉 …… 1/2 小匙
　　鹽 …… 1/5 小匙
奶油玉米濃湯罐頭 …… 80g

＜ 作法 ＞

1. 在鍋中倒入 A 混拌，以中火加熱，煮滾後放雞胸肉、南瓜。再次煮滾後蓋上鍋蓋、轉中小火，煮約 2 分鐘，煮至竹籤可輕鬆插入南瓜的程度。
2. 接著轉中火，加奶油玉米濃湯罐頭，煮滾後關火。

南瓜切成一口大小

先用湯匙等器具挖出籽與瓜囊（成為淨重狀態），因為南瓜偏硬，切的時候請小心。切成 1.5cm 厚，再切成一口大小的長度。

＊雞胸肉的切法→ p.18

中式風味的
萵苣海帶芽雞柳蛋花湯

又有份量感
軟綿輕盈的蛋花

< 材料1人份 >

雞柳 …… 2 小條 (80g)　⇨　切成一口大小

萵苣 …… 1 片 (50g)　⇨　撕成一口大小

乾燥切段海帶芽 …… 1 小撮　(1.5g)

雞蛋 …… 1 顆　⇨　攪散成蛋液

A | 水 …… 250ml
　| 雞湯粉 …… 1 小匙
　| 鹽 …… 1/5 小匙
　| 胡椒 …… 少許
　| 麻油 …… 少許

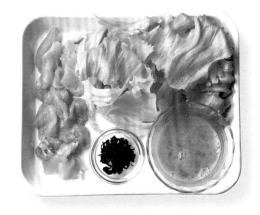

< 作法 >

1. 在鍋中倒入 A 混拌，以中火加熱，煮滾後放雞柳、萵苣、海帶芽。
   再次煮滾後轉中小火，煮約 2 分鐘，煮至雞柳熟透。
2. 接著轉中火，煮滾後繞圈倒入蛋液，待蛋花浮起便可關火，稍微攪拌。

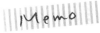

繞圈倒入蛋液

在滾沸的狀態下，讓蛋液沿著筷子呈現細線
狀倒入鍋中，就能煮出鬆綿蛋花。別急著攪
散，待蛋液凝固後，再稍微攪拌。

＊雞柳的切法→ p.19　＊萵苣的撕法→ p.81

甜椒鷹嘴豆
番茄雞柳湯

材料切成相同大小
一口就能吃到
全部的料喔！

＜ 材料 1 人份 ＞

雞柳 …… 2 小條 (80g) ⇨ 切成 1.5cm 丁狀
黃甜椒 …… 1/2 個 (淨重 60g) ⇨ 去除蒂頭與籽後，切成 1.5cm 丁狀
水煮鷹嘴豆 …… 40g
洋蔥 …… 1/4 個 (50g) ⇨ 對半橫切後，縱切成薄片

橄欖油 …… 1/2 大匙

A｜ 水 …… 150ml
　 切塊番茄罐頭 …… 100g
　 雞湯粉 …… 1 小匙
　 鹽 …… 1/5 小匙
　 胡椒 …… 少許

＜ 作法 ＞

1. 鍋內倒入橄欖油，以中火加熱，雞柳、甜椒、鷹嘴豆、洋蔥下鍋拌炒，炒至洋蔥熟透。

2. 接著加進 A 混拌，煮滾後轉中小火，煮約 2 分鐘，煮至雞柳熟透。

甜椒切成丁狀 🖊

甘甜多汁的甜椒對半切開後，去除囊與籽，縱切成 1.5cm 寬，再橫切成 1.5cm 長。雖然還有紅甜椒，考量到整體配色，建議使用黃甜椒。

＊雞柳的切法→ p.19

豬肉
湯便當

用容易煮熟的
蔬菜做出
速成豬肉湯

高麗菜金針菇
豬肉味噌湯

＜ 材料 1 人份 ＞

豬邊角肉 …… 60g ⇨ 切成適口大小

高麗菜 …… 1 片 (50g) ⇨ 撕成一口大小

金針菇 …… 1/2 包 (50g)

⇨ 切除菇柄基部，對半切開後剝散

高湯 …… 250ml

味噌 …… 1 又 1/4 大匙

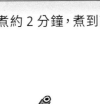

＜ 作法 ＞

1. 鍋中倒入高湯，以中火加熱，煮
   滾後放豬肉、高麗菜、金針菇。再次煮滾後轉中小火，煮約 2 分鐘，煮到高麗菜
   軟透。

2. 接著加入味噌，攪拌溶化即可。

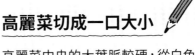

高麗菜切成一口大小

高麗菜中央的大葉脈較硬，從白色菜心的中
間切開，使厚度減半，比較容易煮透。接著
縱切、橫切成 2 ～ 3cm 的四方形。

＊豬肉的切法→ p.35

【 豬 肉 】的二三事

清淡帶鮮味的油脂是豬肉的特徵，當中又以薄切肉片容易熟透，方便烹調。搭配蔬菜會變得更美味。市售的薄切肉片有里肌肉、腿肉、五花肉等各種部位，本書使用適合煮湯的以下 2 種。

本書使用這些部位！

【 豬五花肉 】

這是腹部的肉，瘦肉和肥肉形成三層的「三層肉」，是豬肉之中油脂較多的部分。用來煮湯會變得香醇，也能感受到油脂的甜味。

【 豬邊角肉 】

這是各部位加工時切剩的部分。通常大小不一，混合多個部位，價錢比單一部位的肉便宜划算。

 「邊角肉」和「切邊肉」的差異是什麼？

相較於將多個部位切剩部分集合而成的邊角肉，只收集單一部位切剩部分的肉稱為切邊肉。因此，切邊肉的價格往往比邊角肉高，但有些店家也會將邊角肉標示為切邊肉。

豬肉 的處理方法

薄切豬肉片只要切成喜歡的長度即可，處理起來非常簡單。拿來煮湯時，先炒再煮，或是不炒直接下鍋煮。不炒的情況下容易產生浮沫，請參閱 p.67 去除浮沫的方法，就能煮出味道清爽的湯。

豬肉的切法

【 豬五花肉 】

將包裝內折疊的豬五花肉攤平於砧板上，切成約 3cm 方便食用的長度。市面上也有販售先切成一半的切半五花肉。

【 豬邊角肉 】

邊角肉因為大小不一，攤平後將較長的肉像五花肉那樣切成 3cm 長。有些肉會被切得比較小片，這時候不必切也沒關係。

豬肉的炒法

①

邊炒邊撥散

鍋內倒油加熱後，豬肉下鍋炒，為避免黏成一團，用料理長筷邊炒邊撥散。炒肉的時候建議使用鐵氟龍鍋就不會沾鍋。

②

炒至變色即完成

炒到肉色變白即可，接著加水或調味料一起煮，煮滾後若出現浮沫請撈除。

櫛瓜花椰菜
起司豬肉湯

撒上起司粉立刻變成
香醇的西式湯品

< 材料1人份 >

豬邊角肉 …… 60g ⇨ 切成適口大小

櫛瓜 …… 1/4 條 (50g) ⇨ 切成 1cm 厚的半月形片狀

綠花椰菜 …… 1/4 個 (50g) ⇨ 分成小朵

橄欖油 …… 1 小匙

A | 水 …… 250ml
　| 雞湯粉 …… 1 小匙
　| 鹽 …… 1/5 小匙
　| 胡椒 …… 少許

起司粉 …… 適量

< 作法 >

1. 鍋內倒進橄欖油，以中火加熱，豬肉下鍋拌炒，炒至變色後，再放櫛瓜、綠花椰菜炒熟。

2. 接著倒入 A 混拌，煮滾後轉中小火，煮約 2 分鐘，煮至竹籤可輕鬆插入花椰菜的程度。倒入燜燒罐，撒些起司粉。

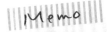

花椰菜分成小朵

生長於莖頂的花球，切開莖的根部就能分成小朵。花球大小不一，不方便入口的話就切成一半。剩下的莖去除硬皮也很好吃。

＊豬肉的切法、炒法→ p.35

中式風味的
大頭菜榨菜豬肉湯

榨菜完美發揮了
調味料的作用

＜ 材料1人份 ＞

豬邊角肉 …… 60g　⇨ 切成適口大小

大頭菜 …… 1 個 (80g)　⇨ 去皮後，切成 6 等分的半月形塊狀

大頭菜葉 …… 20g　⇨ 切成 3cm 寬

調味榨菜 …… 10g　⇨ 切絲

麻油 …… 1 小匙

A　水 …… 250ml

　　雞湯粉 …… 1 小匙

　　醬油 …… 1 小匙

　　鹽 …… 少許

　　胡椒 …… 少許

＜ 作法 ＞

1. 鍋內倒入麻油，以中火加熱，豬肉下鍋拌炒，炒至變色後，再放大頭菜、榨菜炒熟。

2. 接著加入 A 混拌，煮滾後轉中小火，煮約 2 分鐘，煮至竹籤可輕鬆插入大頭菜的程度。再轉中火，加大頭菜葉略煮一會兒即可。

Memo

大頭菜切成半月形塊狀

大頭菜切除葉子、去皮後，尾端朝上置於砧板，以米字型（放射狀）切成 6 等分。大頭菜葉柔軟芳香，用來煮湯或味噌湯也不錯。

＊豬肉的切法、炒法→ p.35

日式風味的
牛蒡小松菜豬肉湯

牛蒡絲和小松菜的
爽脆口感真棒

＜ 材料 1 人份 ＞

薄切豬五花肉 …… 60g　⇨　切成 3cm 寬

牛蒡 …… 1/4 根 (40g)　⇨　削切成絲

小松菜 …… 1 株 (50g)　⇨　切除根部，切成 3cm 寬

A　｜　高湯 …… 250ml
　　｜　醬油 …… 1 小匙
　　｜　味醂 …… 1 小匙
　　｜　鹽 …… 1/5 小匙

＜ 作法 ＞

1. 在鍋中倒入 A，以中火加熱，煮滾後放豬肉、牛蒡絲。再次煮滾後轉中小火，煮約 2 ～ 3 分鐘，煮至牛蒡絲軟透。

2. 接著轉中火，加小松菜略煮一會兒即可。

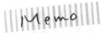

牛蒡削切成絲

邊轉動牛蒡，邊用菜刀削切成薄絲。因為牛蒡的澀味重，切完後請立刻泡水。皮的部分具有鮮味，用菜刀或棕刷輕輕刮掉表面的泥土即可。

＊豬肉的切法 → p.35

香菇豆腐
豬肉酸辣湯

用基本調味料就能
輕鬆煮出「中式酸辣湯」喔！

< 材料1人份 >

薄切豬五花肉 …… 50g ⇨ 切成 3cm 寬

香菇 …… 2 朵 ⇨ 切除菇柄,切成薄片

嫩豆腐 …… 80g ⇨ 切成條狀

雞蛋 …… 1 顆 ⇨ 攪散成蛋液

A | 水 …… 200ml
  | 雞湯粉 …… 1 小匙
  | 醬油 …… 1 大匙
  | 醋 …… 1 大匙
  | 鹽 …… 少許
  | 胡椒 …… 少許
  | 麻油 …… 少許
辣油 …… 少許

< 作法 >

1. 在鍋中倒入 A,以中火加熱,煮滾後放豬肉、香菇、豆腐,再次煮滾。

2. 接著繞圈倒入蛋液,待蛋花浮起便可關火,稍微攪拌。倒入燜燒罐,淋上辣油。

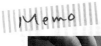

豆腐切成條狀 ✏

中式料理很受歡迎的酸辣湯,通常會加入切成條狀的豆腐。先切成 3 ～ 4cm 長、約 1cm 厚,再切成約 1cm 寬。嫩豆腐容易切爛,切的時候請小心。

＊豬肉的切法→ p.35　＊蛋液的倒法→ p.29

馬鈴薯番茄
洋蔥豬肉湯

「放進去即可」的
小番茄是
湯便當的神隊友

＜ 材料 1 人份 ＞

薄切豬五花肉 …… 50g ⇨ 切成 3cm 寬

馬鈴薯 …… 1/2 個 (60g) ⇨ 去皮後，切成 1cm 厚的半月形片狀

小番茄 …… 4 個 ⇨ 去除蒂頭

洋蔥 …… 1/4 個 (50g) ⇨ 切成薄片

橄欖油 …… 1 小匙

A｜　水 …… 250ml

　　雞湯粉 …… 1 小匙

　　月桂葉（建議加）…… 1 片

　　鹽 …… 1/5 小匙

　　胡椒 …… 少許

＜ 作法 ＞

1. 鍋內倒入橄欖油，以中火加熱，豬肉下鍋拌炒，炒至變色後，再放洋蔥，炒至軟透。再放馬鈴薯炒熟。

2. 接著加入 A 混拌，煮滾後轉中小火，放小番茄，煮約 2 分鐘，煮至竹籤可輕鬆插入馬鈴薯的程度。

Memo

洋蔥切成薄片 ✎

將對半切開、切除根部的洋蔥置於砧板，從邊端縱切成薄片，切至要用的分量。半月形塊狀是朝中心切的放射狀切法。

＊豬肉的切法、炒法→ p.35　＊馬鈴薯的切法→ p.21

蘿蔔韭菜
豬肉泡菜湯

用味噌＋醬油完成的
韓式泡菜鍋

< 材料 1 人份 >

薄切豬五花肉 …… 60g ⇨ 切成 3cm 寬

蘿蔔 …… 70g (約 2cm) ⇨ 去皮後，切成 5mm 厚的扇形片狀

韭菜 …… 1/4 把 (25g) ⇨ 切成 2cm 寬

白菜泡菜 (切塊) …… 30g

麻油 …… 1 小匙

A | 水 …… 250ml
    雞湯粉 …… 1 小匙
    味噌 …… 2 小匙
    醬油 …… 1 小匙

< 作法 >

1. 鍋內倒入麻油，以中火加熱，豬肉下鍋拌炒，炒至肉片變色後，再放蘿蔔、泡菜炒熟。

2. 接著加入 A 混拌，煮滾後轉中小火，煮約 2 分鐘，煮至竹籤可輕鬆插入蘿蔔的程度。再轉中火，放進韭菜略煮一會兒即可。

韭菜最後才放

容易煮熟的韭菜，煮久會變得太爛，最後再下鍋，利用餘溫加熱即可。韓式泡菜鍋這類的辣湯很適合搭配香氣強烈的韭菜。

＊豬肉的切法、炒法→ p.35　＊蘿蔔的切法→ p.15

絞肉
湯便當

薑絲增添香氣
喝了身體暖呼呼

白菜 ✕ 菠菜
雞絞肉薑湯

＜ 材料 1 人份 ＞

雞絞肉 …… 60g

白菜 …… 約 1 片 (70g) ⇨ 菜梗和菜葉分開，切成一口大小

菠菜 …… 1 株 (20g) ⇨ 切成 3cm 寬

薑 …… 1/3 片 ⇨ 切絲

麻油 …… 1 小匙

A | 水 …… 250ml
　 雞湯粉 …… 1 小匙
　 鹽 …… 1/5 小匙
　 胡椒 …… 少許

＜ 作法 ＞

1. 鍋內倒入麻油，以中火加熱，雞絞肉下鍋拌炒，炒至變色後，再放進白菜梗、薑絲炒熟。

2. 接著加入 A 混拌，煮滾後放進白菜葉、菠菜略煮一會兒即可。

菠菜的根部一併使用

菠菜根也很柔軟、味濃可口，請一起使用。
若是較細的根可直接使用，較粗的根先用菜
刀劃十字，仔細搓洗，去除泥土。

＊絞肉的炒法→ p.51　　＊白菜的切法→ p.25

【絞肉】的二三事

絞肉可以自由塑形,做成肉燥、漢堡排、餃子或肉丸子等料理,烹調方式變化豐富,是相當好用的食材。拿來煮湯釋出的湯汁會讓味道變得濃醇。加入搓圓的肉丸子增加分量,想吃飽一點的時候也能獲得滿足。

本書使用這些部位!

【 雞絞肉 】

雞絞肉分為腿肉和雞胸肉,腿肉的油脂較多且柔軟,雞胸肉比較清爽。雞絞肉在絞肉之中熱量最低、味道清淡,常用於日式料理。

【 豬絞肉 】

做餃子、燒賣或中式肉丸子時不可或缺的豬絞肉,通常是用肩胛肉(梅花肉)或豬腱肉。油脂多而濃郁,在意的話請選擇標示為瘦肉的產品。

【 牛豬混合絞肉 】

不同種類的肉混合絞製的肉,多半是牛豬混合,比例依店家而異。牛肉和豬肉的美味融合,增添風味及鮮味。

絞肉 的處理方法

本書的絞肉分為 2 種烹調方式：炒成肉燥、揉成肉丸子。即使肉的種類不同，處理方法皆相同。絞肉的有效期限比單一部位的肉來得短，購買後請盡早烹調。

絞肉的炒法

① 切拌翻炒

在鍋內（炒肉時建議使用鐵氟龍鍋）倒油加熱，絞肉下鍋，用木鏟切拌翻炒。

▶

② 炒至變色即完成

炒到肉末變得鬆散、顏色變白即可，不必炒成焦黃色。加水後出現浮沫請撈除（請參閱 p.67）。

肉丸子的作法

① 加入增稠材料

雞絞肉加鹽和太白粉，加了鹽產生黏度比較好整型，太白粉有增稠效果。

▶

② 抓拌
因為分量少，用指尖抓拌至出現黏度、顏色變白。藉由抓捏，讓肉餡加熱時不易散掉變形。

▶

③ 搓圓

取適量的肉餡搓圓成方便入口的大小。手掌先沾濕，肉餡就不會黏手，搓出表面光滑的肉丸子。

地瓜香菇
雞肉丸子味噌湯

可以連皮使用
顏色也好看的地瓜是
最佳配角

＜ 材料1人份 ＞

雞絞肉 …… 80g

   ⇨ 加入 A 抓拌至出現黏性，分成 4 等分後搓圓

A | 太白粉 …… 1 小匙
  | 鹽 …… 少許

地瓜 …… 70g（約 4cm）⇨ 切成 1cm 厚的半月形片狀

香菇 …… 2 朵 ⇨ 切除菇柄，切成薄片

高湯 …… 250ml

味噌 …… 1 又 1/4 大匙

＜ 作法 ＞

1. 在鍋中倒入高湯，以中火加熱，煮滾後放肉丸子，煮至變色後，再放地瓜、香菇。再次煮滾後轉中小火，煮約 3 分鐘，煮至肉丸子熟透。

2. 接著加味噌，攪拌溶化即可。

地瓜切成半月形片狀

地瓜可以帶皮使用，又能增添色彩。對半縱切後，橫切成厚 1cm。因為質地較硬，將刀尖抵住砧板、壓住刀背，利用槓桿原理邊壓邊切。

＊肉丸子的作法→ p.51

山藥秋葵
豬絞肉梅肉湯

想調養腸胃的時候
來一碗黏稠的梅肉湯

< 材料 1 人份 >

豬絞肉 …… 60g

山藥 …… 100g　⇨　去皮後放入塑膠袋，用擀麵棍敲打

秋葵 …… 2 根　⇨　撒鹽搓洗去除外皮絨毛，切成 5mm 厚

醃梅 …… 1/3 個　⇨　去籽，切成粗末

沙拉油 …… 1 小匙

A ┃ 高湯 …… 250ml
　┃ 醬油 …… 1 小匙
　┃ 味醂 …… 1 小匙
　┃ 鹽 …… 1/5 小匙

< 作法 >

1. 鍋內倒入沙拉油，以中火加熱，豬絞肉下鍋拌炒，炒至變色。

2. 接著加入 A 混拌，煮滾後加山藥、秋葵略煮一會兒。
   倒入燜燒罐，擺上醃梅末。

‖Memo‖

山藥放入塑膠袋敲打 ✎

將去皮的山藥放入塑膠袋用擀麵棍敲打，
讓山藥產生黏稠度，同時保留恰到好處的口
感，而且不會弄髒手。重點是別敲太碎，保
留些許塊狀的程度。

＊絞肉的炒法→ p.51

西式風味的花椰菜 × 四季豆
手捏肉丸子湯

不需要搓圓，捏斷即可！
方便好做的肉丸子，
忙碌的早晨也能完成。

< 材料 1 人份 >

豬絞肉 …… 80g ⇨ 加鹽抓拌至出現黏性

鹽 …… 少許

綠花椰菜 …… 1/4 株 (50g) ⇨ 分成小朵

四季豆 …… 5 根 ⇨ 切除蒂頭，切成 3cm 寬

A │ 水 …… 250ml
　│ 雞湯粉 …… 1 小匙
　│ 月桂葉 (建議加) …… 1 片
　│ 鹽 …… 1/5 小匙
橄欖油 …… 少許

< 作法 >

1. 在鍋中倒入 A 混拌，以中火加熱，煮滾後將豬絞肉捏成 5 ～ 6 等分下鍋，煮至變色。

2. 接著加花椰菜、四季豆，再次煮滾後轉中小火，煮約 2 分鐘，煮至竹籤可輕鬆插入四季豆的程度。倒入燜燒罐，淋上橄欖油。

製作手捏肉丸子

將絞肉搓圓得花一點時間，用手指捏斷放進湯裡煮就輕鬆許多。好好享受表面凹凸不平的肉丸子所帶來的獨特口感。

＊肉丸子的作法→ p.51　＊綠花椰菜的切法→ p.37

豆芽菜 × 豆苗
香辣肉末湯

豆瓣醬與味噌
調配出正統的中式滋味

＜ 材料1人份 ＞

豬絞肉 …… 60g

豆芽菜 …… 1/4 包 (50g) ⇨ 摘除鬚根

豆苗 …… 1/2 包 (淨重 50g) ⇨ 切除根部，切成 3cm 寬

麻油 …… 1 小匙

豆瓣醬 …… 1/4 小匙

A　水 …… 250ml

　　雞湯粉 …… 1 小匙

　　味噌 …… 1 大匙

　　醬油 …… 1/2 小匙

　　胡椒 …… 少許

＜ 作法 ＞

1. 鍋內倒入麻油、豆瓣醬，以中火加熱，豬絞肉下鍋拌炒，炒至變色。
2. 接著加入 A 混拌，煮滾後放進豆芽菜、豆苗略煮一會兒即可。

摘除豆芽菜的鬚根

豆芽菜尾端有細長的鬚根，摘除這個部分的話，口感與味道都會變得更棒。雖然得花一點時間處理，但請務必試試看。

＊絞肉的炒法→ p.51　＊豆瓣醬的炒法→ p.71

茄子甜椒
咖哩肉末湯

牛肉的鮮味和咖哩粉煮出
芳醇香辣的好滋味！

＜ 材料1人份 ＞

牛豬混合絞肉 …… 60g

茄子 …… 1 根 (80g) ⇨ 切除蒂頭，切成一口大小的滾刀塊

紅甜椒 …… 1/4 個 (淨重 30g) ⇨ 去除蒂頭與籽後，切成略小的一口大小

大蒜 …… 1/4 瓣 ⇨ 切成細末

橄欖油 …… 1 小匙

咖哩粉 …… 1 又 1/2 小匙

A ┃ 水 …… 250ml

┃ 雞湯粉 …… 1 小匙

┃ 鹽 …… 1/4 小匙

┃ 胡椒 …… 少許

＜ 作法 ＞

1. 鍋內倒入橄欖油、蒜末，以中火加熱，傳出香氣後，絞肉下鍋拌炒，炒至變色。加入咖哩粉，炒至沒有粉粒的狀態後，再放進茄子、甜椒炒熟。

2. 接著加入 A 混拌，再次煮滾。

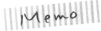

茄子切成滾刀塊

切成滾刀塊後，表面積變大可加速煮熟。從茄蒂處切掉蒂頭，邊斜切邊轉動茄子。因為茄子容易變色，切好後請盡快烹調。

＊絞肉的炒法→ p.51　＊甜椒的切法→ p.31

速成
番茄肉丸湯

簡直就是燉煮漢堡排！
新鮮番茄正是
湯的鮮味來源

< 材料1人份 >

牛豬混合絞肉 …… 80g　⇨　加 A 抓拌至出現黏性，分成 4 等分後搓圓

A｜太白粉 …… 1 小匙
　｜鹽、胡椒 …… 各少許

番茄 (小) …… 1 個 (120g)　⇨　切成一口大小

洋蔥 …… 1/4 個 (50g)　⇨　切成一口大小

橄欖油 …… 1 小匙

B｜水 …… 200ml
　｜雞湯粉 …… 1 小匙
　｜鹽 …… 1/5 小匙
　｜胡椒 …… 少許

< 作法 >

1. 鍋內倒入橄欖油，以中火加熱，搓好的肉丸子下鍋煎。邊煎邊翻面，煎至表面金黃後，放進洋蔥炒熟。

2. 接著加入 B 混拌、放番茄，煮滾後轉中小火，煮約 3 分鐘，煮至肉丸子熟透。

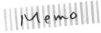

番茄切成一口大小

將對半縱切的番茄置於砧板上，接著對半橫切，改變方向，縱切成 4 等分。番茄在鍋中會自然煮爛，成為酸甜溫醇的番茄湯。

＊肉丸子的作法→ p.51　＊洋蔥的切法→ p.79

牛肉
湯便當

經典韓式料理
牛肉海帶芽湯的
關鍵是麻油

韓式風味的
蘿蔔海帶芽牛肉湯

＜ 材料 1 人份 ＞

牛邊角肉 …… 60g ⇨ 切成適口大小
蘿蔔 …… 70g （約 2cm） ⇨ 去皮後，切成 5mm 厚的扇形片狀
切段海帶芽 …… 1 小撮 (1.5g)
大蔥 …… 1/4 根 (20g) ⇨ 斜切成 5mm 厚

麻油 …… 1 小匙
A｜水 …… 250ml
　｜辣椒 (切小段) …… 1/3 根的量
　｜雞湯粉 …… 1 小匙
　｜醬油 …… 1 小匙
　｜鹽 …… 1 小撮
　｜胡椒 …… 少許
白芝麻 …… 適量

＜ 作法 ＞

1. 鍋內倒入麻油，以中火加熱，牛肉下鍋拌炒，炒至變色後，再放進蘿蔔炒熟。
2. 接著加入 A 混拌，煮滾後放進海帶芽、大蔥。再次煮滾後轉中小火，煮約 2 分鐘，煮至竹籤可輕鬆插入蘿蔔的程度。倒入燜燒罐，撒些白芝麻。

蔥綠也一併使用

蔥綠的香氣可以去除肉類或魚類的腥味，請留下來使用。除了切成蔥花放進炒飯等熱炒料理，也可用於燉魚或滷肉。

＊牛肉的切法、炒法→ p.67　＊蘿蔔的切法→ p.15

【 牛 肉 】的二三事

牛肉可煮出鮮味濃郁、獨特香醇的湯。因為在肉類之中價位偏高、油脂多，本書使用次數較少。不過，牛肉的肉味濃厚，適合做成韓式或中式的辣湯，或是檸檬風味的爽口湯品。

本書使用這個部位！

「邊角肉」和「切邊肉」的差異請參閱 p.34 喔！

【 牛邊角肉 】

如果不是慢火細燉，而是短時間內能快速做好的湯品，最好使用薄切肉片。和豬肉一樣，市面上有賣里肌肉、肩肉、腿肉等不同部位的牛肉，但邊角肉是集合各部位剩下的部分，價格很划算。各位可以使用喜歡的部位的薄切肉片，不過用來煮湯的話，邊角肉已經十分足夠。

牛肉 的處理方法

薄切牛肉片和 p.35 豬肉的處理方法幾乎相同，但因為牛肉是容易產生浮沫的肉類，仔細撈除浮沫就能煮出味道清爽、顏色清澈的湯。加熱過頭，肉會變硬，所以炒或燉的時候要留意別加熱太久。

牛肉的切法 ○ ○ ○ ○ ○ ○ ○ ○

切割較大的肉片

將肉片攤平於砧板上，切成約 3cm 方便入口的長度。若是小片的肉不需要切，直接使用即可。

牛肉的炒法 ○ ○ ○ ○ ○ ○ ○ ○

邊炒邊撥散

和豬肉一樣，在鍋內倒油加熱後，肉片下鍋，用料理長筷邊炒邊撥散，炒至肉色改變即可。炒太久肉會變硬，請留意。

沒有雜味的湯　撈除浮沫就能煮出

浮沫是煮肉或魚、蔬菜時產生的白色或淺褐色泡沫，這些是食材中所含的蛋白質等成分，吃了不會危害身體健康，但湯汁會變濁，產生苦味或澀味。尤其是肉的浮沫看起來不美觀，只要撈除就能讓湯變得清澈透明。重點是煮到滾沸。煮滾後浮沫會慢慢浮出，用網杓或湯杓撈除。比起炒過後加水煮，將生肉直接放進液體煮更容易產生浮沫。

日式風味的
茄子菠菜牛肉湯

利用餘溫熟透的
軟綿茄子
美味化口

＜ 材料 1 人份 ＞

牛邊角肉 …… 60g　⇨　切成適口大小
茄子 …… 1 根 (80g)　⇨　切除蒂頭，對半縱切，再斜切成 1cm 厚
菠菜 …… 1 株 (20g)　⇨　切成 3cm 寬

A　高湯 …… 250ml
　　醬油 …… 1 小匙
　　鹽 …… 1/5 小匙

＜ 作法 ＞

1. 在鍋中倒入 A 混拌，以中火加熱，煮滾後放進牛肉、茄子。再次煮滾後轉中小火，煮約 1 分鐘。
2. 接著轉中火，加入菠菜略煮一會兒即可。

Memo

利用餘溫讓茄子熟透

雖然茄子需要花一點時間才能煮軟，放進燜燒罐，可透過餘溫燜熟，即使看起來略白也沒關係。請趁熱裝入燜燒罐。

＊牛肉的切法→ p.67　＊菠菜的切法→ p.49

香辣馬鈴薯
牛肉豆漿湯

溫醇的豆漿湯底
辣味適中的濃郁滋味

＜ 材料1人份 ＞

牛邊角肉 …… 60g ⇨ 切成適口大小

馬鈴薯 …… 1/2 個 (60g) ⇨ 去皮後，切成 1cm 厚的扇形片狀

大蔥 …… 1/2 根 (40g) ⇨ 斜切成 1cm 厚

麻油 …… 1 小匙

豆瓣醬 …… 1/4 小匙

A ｜ 水 …… 150ml

　　 雞湯粉 …… 1 小匙

　　 味噌 …… 1 大匙

　　 醬油 …… 1 小匙

無糖豆漿 …… 100ml

＜ 作法 ＞

1. 鍋內倒入麻油、放豆瓣醬，以中火加熱，牛肉下鍋拌炒，炒至變色，再放進馬鈴薯、大蔥炒熟。接著加入 A 混拌，煮滾後轉中小火，煮約 3 分鐘，煮至竹籤可輕鬆插入馬鈴薯的程度。

2. 倒入豆漿加熱，不要煮滾。

豆瓣醬炒出香氣

豆瓣醬是中式料理必備的辣味調味料。和油一起炒會炒出香氣，所以請一開始就下鍋和牛肉一起拌炒。只炒油和豆瓣醬容易亂噴，請小心。

＊牛肉的切法、炒法→ p.67　　＊馬鈴薯的切法→ p.21

異國風味的
豆芽菜西芹檸香牛肉湯

喝起來就像「越南河粉湯」
香菜和檸檬片可以
要吃的時候再加

＜ 材料1人份 ＞

牛邊角肉……60g　⇨ 切成適口大小

豆芽菜……1/4 包 (50g)　⇨ 摘除鬚根

西芹……1/3 根 (25g)　⇨ 撕除筋絲，斜切成薄片

A │ 水……250ml
　│ 雞湯粉……1 小匙
　│ 魚露……1/2 大匙
　│ 鹽……1 小撮
　│ 胡椒……少許

香菜 (大略切碎)

檸檬 (切成薄片)…… 各適量

＜ 作法 ＞

1. 在鍋中倒入 A 混拌，以中火加熱，煮滾後放進牛肉、西芹略煮一會兒，煮至西芹軟透。

2. 接著加入豆芽菜略煮一會兒，倒入燜燒罐，放上香菜、檸檬。

撕除西芹的筋絲

西芹的梗有硬筋，去除之後口感會變好。切掉葉子後，用菜刀根部 (靠近握柄處) 從筋絲露出的部分往下拉就能撕除乾淨。

＊牛肉的切法→ p.67　　＊如何摘除豆芽菜的鬚根→ p.59

海鮮
湯便當

鮭魚與味噌超對味
最後放的奶油提升了
湯的香醇及風味

鮭魚蘿蔔高麗菜奶油味噌湯

＜ 材料 1 人份 ＞

鮭魚片 …… 1 小塊 (80g)　⇨　削切成一口大小

蘿蔔 …… 70g (約 2cm)　⇨　去皮後，切成 5mm 厚的扇形片狀

高麗菜 …… 1 片 (50g)　⇨　切成一口大小

高湯 …… 250ml

味噌 …… 1 又 1/4 大匙

奶油 …… 適量

＜ 作法 ＞

1. 在鍋中倒入高湯，以中火加熱，煮滾後放進鮭魚，煮至變色後，放蘿蔔、高麗菜。再次煮滾後轉中小火，煮約 2 分鐘，煮至竹籤可輕鬆插入蘿蔔的程度。

2. 接著加入味噌攪拌溶化，倒入燜燒罐，放上奶油。

蘿蔔煮至微軟後關火

不易煮透的蘿蔔，煮到用竹籤可插入的微軟程度即可。放進燜燒罐，可透過餘溫燜透，要吃的時候已經很入味。

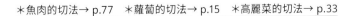

＊魚肉的切法→ p.77　　＊蘿蔔的切法→ p.15　　＊高麗菜的切法→ p.33

【海鮮】的二三事

海鮮加熱太久會變硬，快速略煮是重點。建議使用好處理的魚肉片，肉質緊實且不易煮散。蝦子的口感很好，可以煮出鮮甜湯汁，也能增添色彩，一年四季皆可購得。

本書使用這些部位！

【鮭魚】

日本捕獲的鮭魚主要是白鮭，其以「秋鮭」之名在 9 ～ 11 月上市，春季販售的鮭魚稱為「時鮭」。也有銀鮭或紅鮭、大西洋鮭等進口鮭魚。

【鱈魚】

在日本捕獲，於超市等處販售的魚肉片通常是真鱈，冬季的 11 ～ 2 月是當令季節。黃線狹鱈（阿拉斯加鱈）多半是做成魚漿。進口的鱈魚也很多，一整年都買得到。

【蝦子】

雖然世界各地可以捕到草蝦、白蝦等各種蝦子，但日本超市賣的幾乎都是進口品。除了帶殼蝦，還有蝦仁、水煮熟蝦等多種加工製品。

海鮮 的處理方法

雖然海鮮可以煮出濃醇淡雅的高湯，去除腥味是關鍵。盡可能使用新鮮食材也是重點。煮成味噌、番茄或奶油基底等味道鮮明的湯，更能突顯美味。

魚肉片的事前準備

①　擦掉多餘水分

魚肉片的水分是腥味的原因，使用廚房紙巾輕輕按壓擦拭，也可以在兩面輕撒少許的鹽。

②　去骨

魚皮朝下，用手指觸摸肉較厚的部分會找到一根粗魚骨，用魚刺夾或鑷子一根根拔除。

③　切塊

用菜刀斜切成方便入口的厚度，事前準備完成。

蝦子的事前準備

①　去殼

用手指從蝦子腳的那一側剝掉蝦殼，拔除蝦尾。

②　去除腸泥

用菜刀沿著蝦背淺劃一刀，刮出腸泥。

③　清洗髒污

將蝦肉放進調理碗，倒入約1匙的太白粉和適量的水，輕輕揉拌。待水變混濁後，用流動水沖洗，擦乾水分。

馬鈴薯鱈魚
蒜香番茄湯

清淡的鱈魚在
大蒜和番茄的加持下
華麗變身

＜ 材料 1 人份 ＞

鱈魚片 ⋯⋯ 1 小塊 (80g)　⇨　削切成一口大小

馬鈴薯 ⋯⋯ 1/2 個 (60g)　⇨　去皮後，切成 1cm 厚的扇形片狀

洋蔥 ⋯⋯ 1/4 個 (50g)　⇨　切成一口大小

大蒜 ⋯⋯ 1/3 瓣　⇨　切成薄片

橄欖油 ⋯⋯ 1 小匙

A ｜ 水 ⋯⋯ 150ml

切塊番茄罐頭 ⋯⋯ 100g

雞湯粉 ⋯⋯ 1 小匙

鹽 ⋯⋯ 1/5 小匙

胡椒 ⋯⋯ 少許

＜ 作法 ＞

1. 鍋內倒入橄欖油、蒜末，以中火加熱，傳出香氣後，放進馬鈴薯、洋蔥，炒至洋蔥軟透。

2. 接著加入 A 混拌，煮滾後放鮭魚。再次煮滾後轉中小火，煮約 3 分鐘，煮至鮭魚熟透。

Memo

洋蔥切成一口大小

這是將洋蔥切成均等大小的訣竅。把內側與外側各分成 2 ～ 3 片，外側對半縱切，再對半橫切，內側不縱切，對半橫切，這樣就會變成相同大小。

＊魚肉的切法→ p.77　＊馬鈴薯的切法→ p.21

中式風味的
萵苣鮮蝦豆腐湯

想吃清爽口味的湯
做這道就對了

＜ 材料1人份 ＞

無頭帶殼蝦 …… 5 尾　⇨　去殼和腸泥，用太白粉水清洗

萵苣 …… 1 片 (50g)　⇨　撕成一口大小

嫩豆腐 …… 80g　⇨　切成一口大小

A｜水 …… 250ml
　｜雞湯粉 …… 1 小匙
　｜蒜泥 …… 少許
　｜鹽 …… 1/5 小匙
　｜胡椒 …… 少許
　｜麻油 …… 少許

＜ 作法 ＞

1. 在鍋中倒入 A 混拌，以中火加熱，煮滾後放進蝦子、豆腐，煮至蝦子變色。
2. 接著加入萵苣略煮一會兒即可。

萵苣撕成一口大小

比起用菜刀切，用手撕比較不會破壞纖維，
口感會變好。先沿著纖維縱向撕開，再橫向
撕成小片。

＊蝦子的事前準備→ p.77

胡蘿蔔鮮蝦
奶油玉米巧達濃湯

胡蘿蔔和玉米的清甜
令人感到身心放鬆

＜ 材料1人份 ＞

無頭帶殼蝦 …… 5 尾　⇨　去殼和腸泥，用太白粉水清洗

胡蘿蔔 …… 40g　⇨　去皮後，切成 5mm 厚的扇形片狀

洋蔥 …… 1/4 個 (50g)　⇨　切成薄片

A｜水 …… 150ml
　｜雞湯粉 …… 1/2 小匙
　｜鹽 …… 1/5 小匙
奶油玉米濃湯罐頭 …… 80g

＜ 作法 ＞

1. 在鍋中倒入 A 混拌，以中火加熱，煮滾後放進蝦子、胡蘿蔔、洋蔥。再次煮滾後蓋上鍋蓋、轉中小火，煮約 2 分鐘，煮至竹籤可輕鬆插入胡蘿蔔的程度。

2. 接著加入奶油玉米濃湯，轉中火煮滾。

胡蘿蔔切成扇形片狀

對半縱切 2 次，切成 4 等分後，橫切成薄片即扇形片狀。因為胡蘿蔔不易煮透，要切薄一點。前端較細的部分也可對半縱切成半月形片狀。表皮依個人喜好，不削掉也沒關係。

＊蝦子的事前準備→ p.77　＊洋蔥的切法→ p.45

料多多味噌湯

蔬菜滿滿！

雖然味噌湯經常被當作副餐,多放一點料就能成為一道配菜。以下為各位介紹適合用 400ml 燜燒罐製作的味噌湯,營養好喝又能補充蔬菜的攝取量。

好溫暖

牛蒡蓮藕胡蘿蔔味噌湯

＜ 材料 1 人份 ＞

牛蒡 ⋯⋯ 1/4 根 (40g) ⇨ 削切成絲 (請參閱 p.41)

蓮藕 ⋯⋯ 40g ⇨ 去皮後,切成 5mm 厚的扇形片狀

胡蘿蔔 ⋯⋯ 20g ⇨ 去皮後,切成 5mm 厚的扇形片狀 (請參閱 p.83)

高湯 ⋯⋯ 200ml
味噌 ⋯⋯ 1 大匙

＜ 作法 ＞

在鍋中倒入高湯,以中火加熱,煮滾後放進牛蒡絲、蓮藕片、胡蘿蔔。再次煮滾後轉中小火,煮約 2 分鐘,煮至竹籤可輕鬆插入胡蘿蔔的程度。最後加入味噌,攪拌溶化即可。

南瓜洋蔥四季豆味噌湯

< 材料 1 人份 >

南瓜 …… 50g　⇨　切成 1cm 厚的一口大小 (請參閱 p.27)

洋蔥 …… 1/4 個 (50g)　⇨　切成薄片 (請參閱 p.45)

四季豆 …… 3 根　⇨　切除蒂頭，切成 2cm 寬

高湯 …… 200ml

味噌 …… 1 大匙

< 作法 >

在鍋中倒入高湯，以中火加熱，煮滾後放南瓜、
洋蔥、四季豆。再次煮滾後轉中小火，煮約 2 分
鐘，煮至竹籤可輕鬆插入南瓜的程度。最後加入味噌，攪拌溶化即可。

高麗菜黃豆糯米椒味噌湯

< 材料 1 人份 >

高麗菜 …… 1 片 (50g)　⇨　切成一口大小 (請參閱 p.33)

水煮黃豆 …… 50g

糯米椒 …… 2 根　⇨　切成 5mm 厚的小段

高湯 …… 200ml

味噌 …… 1 大匙

< 作法 >

在鍋中倒入高湯，以中火加熱，煮滾後放進高麗菜、黃豆。再次煮滾後轉中小火，
煮約 2 分鐘，煮至高麗菜軟透。最後加入糯米椒，再加味噌，攪拌溶化即可。

蘿蔔小松菜味噌湯

< 材料 1 人份 >

蘿蔔 …… 50g ⇨ 去皮後，切成 5mm 厚的扇形狀片（請參閱 p.15）
小松菜 …… 1 株 (50g) ⇨ 切除根部，切成 3cm 寬
大蔥 …… 1/4 根 (20g) ⇨ 斜切成 5mm 厚

高湯 …… 200ml
味噌 …… 1 大匙

< 作法 >

在鍋中倒入高湯，以中火加熱，煮滾後放進蘿蔔、大蔥。再次煮滾後轉中小火，煮約 2 分鐘，煮至竹籤可輕鬆插入蘿蔔的程度。接著轉中火，加入小松菜略煮一會兒，再加味噌，攪拌溶化即可。

白菜香菇味噌湯

< 材料 1 人份 >

白菜 …… 約 1 片 (70g) ⇨ 切成一口大小（請參閱 p.25）
香菇 …… 2 朵 ⇨ 切除菇柄，切成薄片

高湯 …… 200ml
味噌 …… 1 大匙

< 作法 >

在鍋中倒入高湯，以中火加熱，煮滾後放進白菜梗、香菇。再次煮滾後轉中小火，煮約 2 分鐘，煮至白菜梗軟透。接著轉中火，加入白菜葉略煮一會兒，再加味噌，攪拌溶化即可。

PART 2

好幫手食材製作的
速成湯便當

香腸、火腿、培根或鮪魚罐頭等加工食品
也是可當作湯頭的食材,因此本章大部
分的湯不使用高湯或高湯粉。此外,為了
更方便製作,本章都是將材料放進小鍋
加熱即可的作法。就算不小心睡過頭,也
能馬上完成。

香腸

香腸釋出的湯汁加上
奶油的芳醇調和成完美滋味

高麗菜 × 鴻喜菇鹽奶油香腸湯

< 材料 1 人份 >

香腸 …… 2 條 ⇨ 斜切成 4 等分

高麗菜 …… 1 片 (50g) ⇨ 切成一口大小 (請參閱 p.33)

鴻喜菇 …… 1/2 包 (50g) ⇨ 切除菇柄基部，分成小朵 (請參閱 p.23)

A | 水 …… 250ml
　| 鹽 …… 1/3 小匙
　| 胡椒 …… 少許
　| 蒜泥 …… 少許

奶油 …… 5g

< 作法 >

1. 在鍋中倒入 A 混拌，以中火加熱，煮滾後放進香腸、高麗菜、鴻喜菇。
   再次煮滾後轉中小火，煮約 2 分鐘，煮至高麗菜軟透。

2. 最後加入奶油，攪拌溶化即可。

加了大量的豆子
飽足感滿分！

< 材料 1 人份 >

香腸 …… 2 條 ⇨ 切成小段

綠花椰菜 …… 1/4 個 (50g) ⇨ 分成小朵 (請參閱 p.37)

綜合豆 …… 50g

A 水 …… 250ml

　　咖哩粉 …… 1 小匙

　　鹽 …… 1/3 小匙

　　胡椒 …… 少許

　　蒜泥 …… 少許

　　橄欖油 …… 少許

花椰菜綜合豆咖哩香腸湯

< 作法 >

在鍋中倒入 A 混拌，以中火加熱，煮滾後放進香腸、花椰菜、綜合豆。
再次煮滾後轉中小火，煮約 2 分鐘，煮至竹籤可輕鬆插入花椰菜的
程度。

青江菜的梗和葉
用不同切法處理是
烹調訣竅

中式風味的青江菜火腿湯

< 材料1人份 >

里肌火腿 …… 2 片　⇨　以放射狀切成 8 等分

青江菜 …… 1/2 株 (70g)

⇨ 葉切成 3cm 長，梗對半縱切後，切成 1cm 寬

大蔥 …… 1/2 根 (40g)　⇨　斜切成 1cm 厚

A | 水 …… 250ml
　| 醬油 …… 1 小匙
　| 鹽 …… 1/5 小匙
　| 胡椒 …… 少許
　| 蒜泥 …… 少許
　| 麻油 …… 少許

< 作法 >

在鍋中倒入 A 混拌，以中火加熱，煮滾後放進火腿、青江菜梗、大蔥。

再次煮滾後，加入青江菜葉略煮一會兒即可。

火腿

奶油乳酪融化後
成為濃郁的牛奶湯

< 材料 1 人份 >

里肌火腿 ⋯⋯ 2 片 ⇨ 以放射狀切成 8 等分

白花椰菜 ⋯⋯ 70g ⇨ 對半橫切後，縱切成薄片

洋蔥 ⋯⋯ 1/4 個 (50g) ⇨ 對半橫切後，縱切成薄片

奶油乳酪 (一人份) ⋯⋯ 2 個 (約40g)

A｜水 ⋯⋯ 150ml
　｜鹽 ⋯⋯ 1/4 小匙
　｜胡椒 ⋯⋯ 少許

牛奶 ⋯⋯ 100ml

粗磨黑胡椒 ⋯⋯ 少許

白花椰菜火腿起司牛奶湯

< 作法 >

1. 鍋中倒入 A 混拌，以中火加熱，煮滾後放進火腿、花椰菜、洋蔥。再次煮滾後轉中小火、蓋上鍋蓋，煮約 2 分鐘，煮至竹籤可輕鬆插入花椰菜的程度。

2. 接著加入奶油乳酪攪拌溶化，再加入牛奶慢慢加熱，不要煮滾。倒入燜燒罐，撒上黑胡椒。

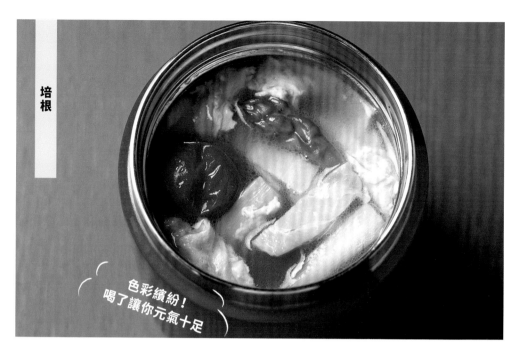

色彩繽紛！
喝了讓你元氣十足

蘆筍番茄培根蛋花湯

＜ 材料1人份 ＞

培根 …… 2 片 ⇨ 切成 1cm 寬

綠蘆筍 …… 2 根 ⇨ 削除根部較硬部分，斜切成 1cm 厚

小番茄 …… 5 個 ⇨ 去除蒂頭

雞蛋 …… 1 顆 ⇨ 攪散成蛋液

A | 水 …… 250ml
　| 鹽 …… 1/3 小匙
　| 胡椒 …… 少許
　| 橄欖油 …… 少許

＜ 作法 ＞

1. 在鍋中倒入 A 混拌，以中火加熱，煮滾後放進培根、綠蘆筍、小番茄。再次煮滾後轉中小火，煮約 1 分鐘。

2. 接著轉中火，煮滾後繞圈加入蛋液（請參閱 p.29），待蛋花浮起便可關火，稍微攪拌。

即食雞胸肉

撒些黑胡椒
提味會更好吃

馬鈴薯甜椒雞胸肉湯

＜ 材料 1 人份 ＞

即食雞胸肉 …… 約 1/2 塊 (50g) ⇨ 切成一口大小

馬鈴薯 …… 1/2 個 (60g)

⇨ 去皮後，切成 1cm 厚的半月形片狀 (請參閱 p.21)

黃甜椒 …… 1/2 個 (淨重 60g) ⇨ 去除蒂頭與籽後，切成一口大小

A │ 水 …… 250ml
　│ 鹽 …… 1/3 小匙
　│ 胡椒 …… 少許
　│ 橄欖油 …… 少許
粗磨黑胡椒 …… 少許

＜ 作法 ＞

1. 鍋中倒入 A 混拌，以中火加熱，煮滾後放進即食雞胸肉、馬鈴薯、甜椒。再次煮滾後轉中小火，煮約 2 分鐘，煮至竹籤可輕鬆插入馬鈴薯的程度。

2. 倒入燜燒罐，撒上黑胡椒。

鮪魚罐頭

將鮪魚罐頭的
湯汁當作湯底

中式風味的鮪魚豆苗白菜湯

＜ 材料1人份 ＞

鮪魚罐頭 …… 1 罐 (70g)

白菜 …… 約 1 片 (70g)　⇨　葉和梗分開，切成一口大小 (請參閱 p.25)

豆苗 …… 1/4 包 (淨重 25g)　⇨　切除根部，切成 2cm 寬

A｜水 …… 250ml
　｜醬油 …… 1 小匙
　｜鹽 …… 1/5 小匙
　｜胡椒 …… 少許
　｜麻油 …… 少許

＜ 作法 ＞

1. 在鍋中倒入 A 混拌，以中火加熱，煮滾後將鮪魚連同湯汁下鍋，放進白菜梗。再次煮滾後轉中小火，煮約 2 分鐘，煮至白菜梗軟透。
2. 接著轉中火，加入白菜葉、豆苗略煮一會兒即可。

加入鮪魚罐頭後
味噌湯變得香醇

牛蒡鴨兒芹鮪魚味噌湯

＜ 材料 1 人份 ＞

鮪魚罐頭 …… 1 罐 (70g)

牛蒡 …… 1/3 根 (50g)　⇨ 削切成絲 (請參閱 p.41)

鴨兒芹 …… 1 株 (淨重 15g)　⇨ 摘除葉子，梗切成 2cm 寬

A｜高湯 …… 250ml
　｜味噌 …… 1 大匙

＜ 作法 ＞

1. 在鍋中倒入 A 混拌，以中火加熱，煮滾後將鮪魚連同湯汁下鍋，放進牛蒡絲。再次煮滾後轉中小火，煮約 2 分鐘，煮至牛蒡絲軟透。

2. 接著轉中火，加入鴨兒芹略煮一會兒，再加味噌，攪拌溶化即可。

冷凍綜合海鮮

綜合海鮮不必解凍
直接下鍋煮！

菠菜綜合海鮮牛奶湯

＜ 材料 1 人份 ＞

冷凍綜合海鮮 …… 120g

菠菜 …… 2 株 (40g)　⇨　切成 2cm 寬 (請參閱 p.49)

洋蔥 …… 1/4 個 (50g)　⇨　對半橫切後，縱切成薄片

A｜水 …… 150ml
　｜鹽 …… 1/3 小匙
　｜胡椒 …… 少許

牛奶 …… 100ml

奶油 …… 5g

＜ 作法 ＞

1. 在鍋中倒入 A 混拌，以中火加熱，煮滾後將冷凍綜合海鮮直接下鍋，放進洋蔥。再次煮滾後轉中小火，煮約 2 分鐘，煮至綜合海鮮熟透。

2. 接著轉中火，加入菠菜略煮一會兒，再加入牛奶、奶油慢慢加熱，不要煮滾。

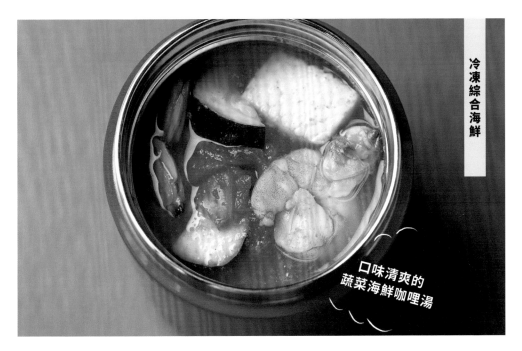

口味清爽的
蔬菜海鮮咖哩湯

櫛瓜番茄綜合海鮮咖哩湯

＜ 材料 1 人份 ＞

冷凍綜合海鮮 …… 120g

櫛瓜 …… 1/4 條 (50g) ⇨ 切成 1cm 厚的半月形片狀

番茄 (小) …… 1 個 (120g) ⇨ 切成一口大小 (請參閱 p.63)

A | 水 …… 150ml
　 | 咖哩粉 …… 1 小匙
　 | 鹽 …… 1/3 小匙
　 | 胡椒 …… 少許

＜ 作法 ＞

在鍋中倒入 A 混拌,以中火加熱,煮滾後將冷凍綜合海鮮直接下鍋,放進櫛瓜、番茄。再次煮滾後轉中小火,煮約 2 分鐘,煮至綜合海鮮熟透。

竹輪

鹿尾菜只要稍微清洗
就能直接下鍋煮

青江菜 × 鹿尾菜香辣竹輪味噌湯

< 材料1人份 >

竹輪 …… 1 條 ➡ 切成 5mm 厚的小段

青江菜 …… 1/2 株 (70g) ➡ 葉切成 3cm 寬，梗對半縱切，再切成 1cm 寬

鹿尾菜 …… 1/2 大匙 ➡ 稍微清洗

A｜高湯 …… 250ml
　｜豆瓣醬 …… 1/2 小匙

味噌 …… 1 大匙

< 作法 >

在鍋中倒入 A 混拌，以中火加熱，煮滾後放進竹輪、青江菜、鹿尾菜。
再次煮滾後加入味噌，攪拌溶化即可。

剝散即可的
蟹味棒加在
湯裡好看又好吃

中式風味的黃豆芽西芹蟹味棒湯

＜ 材料 1 人份 ＞

蟹味棒 …… 50g ⇨ 剝散
黃豆芽 …… 1/4 包 (50g) ⇨ 摘除鬚根 (請參閱 p.59)
西芹 …… 1/2 根 (40g) ⇨ 撕除筋絲，斜切成薄片 (請參閱 p.73)
西芹葉 …… 5g ⇨ 大略切碎

A | 水 …… 250ml
 | 醬油 …… 1 小匙
 | 薑泥 …… 約 4g
 | 鹽 …… 1/5 小匙
 | 麻油 …… 少許

＜ 作法 ＞

在鍋中倒入 A 混拌，以中火加熱，煮滾後放進蟹味棒、黃豆芽、西芹。
再次煮滾後加入西芹葉，略煮一會兒即可。

油豆腐

油豆腐不易煮爛
拿來煮湯很好用

蘿蔔 × 胡蘿蔔油豆腐湯

＜ 材料1人份 ＞

油豆腐 …… 1/3 塊 (70g) ⇨ 切成一口大小

蘿蔔 …… 60g ⇨ 去皮後，切成 5mm 厚的扇形片狀（請參閱 p.15）

胡蘿蔔 …… 15g ⇨ 去皮後，切成 5mm 厚的半月形片狀（請參閱 p.83）

香菇 …… 1 朵 ⇨ 切除菇柄，切成薄片

A｜高湯 …… 200ml
　｜醬油 …… 1 又 1/2 小匙
　｜味醂 …… 1 小匙
　｜鹽 …… 少許

＜ 作法 ＞

在鍋中倒入 A 混拌，以中火加熱，煮滾後放進油豆腐、蘿蔔、胡蘿蔔、香菇。再次煮滾後轉中小火，煮約 3 分鐘，煮至竹籤可輕鬆插入胡蘿蔔的程度。

油豆腐也釋出
美味的湯汁

中式風味的海帶芽油豆腐湯

< 材料1人份 >

油豆腐 …… 1/2 塊 (100g) ⇨ 切成一口大小

大蔥 …… 1/2 根 (40g) ⇨ 斜切成 1cm 厚

海帶芽 …… 1 小撮 (1.5g)

A | 水 …… 250ml
　| 雞湯粉 …… 1 小匙
　| 醬油 …… 1 小匙
　| 鹽 …… 少許

< 作法 >

在鍋中倒入 A 混拌，以中火加熱，煮滾後放進油豆腐、大蔥、海帶芽，再
次煮滾即可。

炸豆皮

最後撒的芝麻為
這道湯大加分

大頭菜舞菇豆皮芝麻味噌湯

＜ 材料1人份 ＞

炸豆皮 …… 2/3 塊 ⇨ 對半橫切後，縱切成 1.5cm 寬

大頭菜(小)…… 1個(80g) ⇨ 去皮後，切成 6 等分的半月形塊狀(請參閱 p.39)

大頭菜葉 …… 20g ⇨ 切成 3cm 寬

舞菇 …… 1/3 包 (30g) ⇨ 分成適口大小

高湯 …… 250ml

味噌 …… 1 又 1/4 大匙

白芝麻 …… 少許

＜ 作法 ＞

1. 在鍋中倒入高湯，以中火加熱，煮滾後放進炸豆皮、大頭菜、舞菇。再次煮滾後轉中小火，煮約 3 分鐘，煮至竹籤可輕鬆插入大頭菜的程度。

2. 接著轉中火，加入大頭菜葉略煮一會兒，再加入味噌攪拌溶化。倒入燜燒罐，撒上白芝麻。

PART 3

倒在白飯上一起吃的蓋飯湯便當

將配菜放在白飯上即可享用的蓋飯湯便當。把有湯汁的菜先倒在飯上,飯會變得糊糊爛爛。若是裝進燜燒罐,要吃的時候才倒在飯上,美味更加分。在容器內裝約一半的飯,配菜裝進燜燒罐帶出門。

牛肉蓋飯

只要有牛肉和洋蔥就能做！
作法真的很簡單

< 材料 1 人份 >

牛邊角肉 …… 100g ⇨ 切成適口大小
洋蔥 …… 1/4 個(50g) ⇨ 切成 1cm 厚的半月形塊狀

A　高湯 …… 50ml
　　醬油 …… 1 又 1/2 大匙
　　味醂 …… 1 又 1/2 大匙
　　砂糖 …… 1/2 大匙
白飯 …… 1 碗多一些
醃紅薑 …… 適量

< 作法 >

在鍋中倒入 A 混拌、放進洋蔥，以中火加熱。煮滾後加入牛肉，煮約 5 分鐘。

【 要吃的時候 】
將牛肉盛至飯白飯上(旁邊擺醃紅薑)，淋上適量湯汁。

牛肉冷掉容易變硬，裝在可保溫的
燜燒罐，肉質依然柔軟，洋蔥變得
軟透。倒在飯上享用有如店家現做
的美味牛肉蓋飯。

＊牛肉的切法→ p.67　＊洋蔥的切法→ p.45

中式燴飯

白飯淋上濃稠的芡汁
熱騰騰的真好吃

＜ 材料1人份 ＞

豬邊角肉 …… 80g　⇨　切成適口大小

小松菜 …… 2 小株 (80g)　⇨　切除根部，切成 4cm 寬

香菇 …… 2 朵　⇨　切除菇柄，切成薄片

太白粉 …… 2 小匙

酒 …… 2 小匙

鹽、胡椒 …… 各少許

沙拉油 …… 1/2 大匙

A　水 …… 100ml

　　酒 …… 2 大匙

　　雞湯粉 …… 1/2 小匙

　　蠔油 …… 1 大匙

　　醬油 …… 1/2 小匙

太白粉水 …… 1 大匙太白粉＋2 大匙水

白飯 …… 1 碗多一些

＜ 作法 ＞

1. 豬肉用太白粉、酒、鹽、胡椒抓拌調味。

2. 在小一點的平底鍋內倒入沙拉油，以中火加熱，豬肉下鍋拌炒。炒至變色後，放進小松菜、香菇炒至軟透。

3. 接著加入 A 煮滾，倒入太白粉水煮稠。

【 要吃的時候 】

將 3 的料盛至白飯上。

中式風味的燴飯，趁熱吃最棒。
用太白粉水勾芡，保溫效果比
湯更好，熱呼呼的狀態更持久。

＊豬肉的切法、炒法→ p.35

茄子絞肉咖哩

不必燉煮的絞肉咖哩
依個人喜好放上水煮蛋

< 材料1人份 >

牛豬混合絞肉 …… 100g

茄子 …… 1 根 (80g) ⇨ 切除蒂頭，切成 1.5~2cm 丁狀

洋蔥 …… 1/4 個 (50g) ⇨ 切成細末

大蒜 …… 1/4 瓣 ⇨ 切成細末

沙拉油 …… 1/2 大匙

咖哩粉 …… 1/2 大匙

A 　番茄醬 …… 1 大匙

　　伍斯特醬 …… 1/2 大匙

　　鹽 …… 1 小撮

　　水 …… 50ml

白飯 …… 1 碗多一些

水煮蛋 …… 1/2 顆

< 作法 >

1. 在小一點的平底鍋內倒入沙拉油、放進蒜末，以中火加熱，傳出香氣後，洋蔥下鍋拌炒。炒約 2 分鐘至軟透。再放入絞肉，邊炒邊撥散，炒至肉變色。

2. 接著加入茄子，炒約 2 分鐘至軟透。加進咖哩粉，炒至沒有粉粒的狀態後，放入 A 炒煮約 1～2 分鐘至收乾湯汁。

【 要吃的時候 】

將 2. 的料盛至白飯上 (旁邊擺水煮蛋)。

比起有湯汁的咖哩，炒煮收乾的絞肉咖哩更方便吃，適合做成便當。軟透的茄子口感絕妙。不過，咖哩容易在容器內殘留氣味，清洗時請多留意。

＊絞肉的炒法→ p.51

濃郁的西式燉肉料理
只要炒過再略煮片刻即可

蘑菇燉豬肉

＜ 材料 1 人份 ＞

豬邊角肉 ⋯⋯ 100g ⇨ 切成適口大小
洋蔥 ⋯⋯ 1/4 個 (50g) ⇨ 切成薄片
蘑菇 ⋯⋯ 1/2 包 (50g) ⇨ 切成薄片

鹽、胡椒 ⋯⋯ 各少許
低筋麵粉 ⋯⋯ 1 大匙
橄欖油 ⋯⋯ 2 小匙
A ｜ 水 ⋯⋯ 100ml
　　 紅酒 (可用酒代替) ⋯⋯ 1 大匙
　　 番茄醬 ⋯⋯ 2 大匙
　　 伍斯特醬 ⋯⋯ 1 大匙
　　 醬油 ⋯⋯ 1/2 小匙
白飯 ⋯⋯ 1 碗多一些

＜ 作法 ＞

1. 豬肉以鹽、胡椒調味，撒上低筋麵粉。

2. 在小一點的平底鍋內倒入 1 小匙橄欖油，以中火加熱，洋蔥、蘑菇下鍋拌炒。
   炒至軟透後移到鍋邊，鍋中再倒入 1 小匙橄欖油、放進豬肉，炒至變色。

3. 接著加入 A 混拌，煮約 3 分鐘，煮至變稠。

【 要吃的時候 】
將 3 的料盛至白飯上。

以伍斯特醬和番茄醬調味的燉豬肉，配
飯吃也很棒。具黏稠感的醬汁，保溫效
果極佳。大口享受香醇醬汁與白飯的完
美組合。

＊豬肉的切法、炒法→ p.35　　＊洋蔥的切法→ p.45

10分鐘搞定！
減醣低脂の湯便當

經典湯品 x 速成美味 x 飽足丼飯

70+ 食材變化的燜燒罐食譜全收錄！

作者市瀨悅子
譯者連雪雅
主編唐德容
責任編輯黃雨柔
封面 & 內頁美術設計徐薇涵 Libao shiu

執行長何飛鵬
PCH集團生活旅遊事業總經理暨社長李淑霞
總編輯汪雨菁
行銷企畫經理呂妙君
行銷企劃專員許立心

出版公司
墨刻出版股份有限公司
地址：台北市104民生東路二段141號9樓
電話：886-2-2500-7008／傳真：886-2-2500-7796
E-mail：mook_service@hmg.com.tw
發行公司
英屬蓋曼群島商家庭傳媒股份有限公司城邦分公司
城邦讀書花園：www.cite.com.tw
劃撥：19863813／戶名：書虫股份有限公司
香港發行城邦 (香港) 出版集團有限公司
地址：香港灣仔駱克道193號東超商業中心1樓
電話：852-2508-6231／傳真：852-2578-9337
城邦 (馬新) 出版集團 Cite (M) Sdn Bhd
地址：41, Jalan Radin Anum, Bandar Baru Sri Petaling, 57000 Kuala Lumpur, Malaysia.
電話：(603)90563833 ／傳真：(603)90576622 ／E-mail：services@cite.my
製版·印刷漾格科技股份有限公司
ISBN978-986-289-929-8‧978-986-289-930-4 (EPUB)
城邦書號KJ2086 **初版**2023年11月
定價350元
MOOK官網www.mook.com.tw
Facebook粉絲團
MOOK墨刻出版 www.facebook.com/travelmook
版權所有·翻印必究

國家圖書館出版品預行編目資料
10分鐘搞定!減醣低脂的湯便當：經典湯品X速成美味X飽足丼飯,70+食材變
化的燜燒罐食譜全收錄/市瀨悅子作；連雪雅譯. -- 初版. -- 臺北市：墨刻出
版股份有限公司出版：英屬蓋曼群島商家庭傳媒股份有限公司城邦分公司發
行, 2023.11
112面；16.8×23公分. -- (SASUGAS ;86)
譯自：はじめてのスープ弁当：素材の切り方や量がひと目でわかる
ISBN 978-986-289-929-8(平裝)
1.CST: 食譜 2.CST: 湯
427.17   112015374